James R. Arredondo Mamani

SISTEMAS FOTOVOLTAICO

James R. Arredondo Mamani

SISTEMAS FOTOVOLTAICO

Evaluacion de los Algoritmos MPPT con Métodos Multicriterio

PUBLICIA

Imprint

Cover image: www.ingimage.com

Publisher:
PUBLICIA
is a trademark of
Dodo Books Indian Ocean Ltd. and OmniScriptum S.R.L publishing group

120 High Road, East Finchley, London, N2 9ED, United Kingdom
Str. Armeneasca 28/1, office 1, Chisinau MD-2012, Republic of Moldova, Europe
Managing Directors: Ieva Konstantinova, Victoria Ursu
info@omniscriptum.com

Printed at: see last page
ISBN: 978-3-639-55586-8

Sistemas Fotovoltaicos:

Evaluación de los Algoritmos MPPT con Métodos Multicriterio

James Arredondo

Contenido

INTRODUCCION

No cabe duda que la energía renovable ha cobrado fuerza en estos últimos años, prueba de ello son los miles de artículos que se publican mensualmente en esta temática. Una de las fuentes es la energía solar, en sus dos variaciones o tipos: la energía solar térmica y la energía solar fotovoltaica. Los sistemas fotovoltaicos, son los que usan este último tipo de energía. Por ello en el presente libro, se presenta las características de este tipo de sistema, en especial un componente muy importante para que estos sistemas funcionen de manera eficiente, esto es el bloque de control conocido como la Búsqueda del Punto de Máxima Potencia (MPPT, por sus siglas en ingles). Este trabajo se divide en tres partes, el Capítulo I, se trata de las generalidades de la energía renovables, dando énfasis al final a los Sistemas Fotovoltaicos y sus variaciones de los mismos. En el Capítulo II, se explora los componentes de un panel fotovoltaico, así como sus curvas características a condiciones normales y en sombreado parcial. En el capítulo III, se explora los métodos MPPT más usados en estos sistemas. Finalmente, en el Capítulo IV, se propone una técnica de evaluación multicriterio para escoger el mejor algoritmo MPPT, en base en sus características mostrados en la literatura.

CAPITULO I

1. GENERALIDADES

La energía eléctrica obtenida a partir de fuentes renovables de energía sigue incrementando por las características que presentan entre ellas. En efecto, las fuentes de energía renovables se consideran inagotables en comparación con la energía obtenida a partir de las fuentes tradicionales como la fuente fósil. Además, las fuentes de energías renovables se presenta como una solución a la contaminación del medio ambiente [1], este último ha cobrado importancia en diferentes partes del mundo por cuanto se considera que las fuentes tradicionales de energía en especial los que vienen de la fuente fósil son los que presentan más contaminación al medio ambiente. Algunas de las principales fuentes de energía renovable son el Sol y el Viento, estos han cobrado notable importancia en todo el mundo y se proyecta que este tipo de energías seguirán su incremento. Respeto al horizonte con este tipo de fuente energética la Agencia Internacional de Energía (*International Energy Agency* – IEA), en el 2018 publicó una prospectiva de cómo se espera que evolucione las fuentes de energía eléctrica al 2040 [2]; esta prospectiva respecto a la generación de energía eléctrica se muestra en la figura 1.1 con esto se demuestra la importancia que tiene y tendrá en la generación eléctrica las fuentes de energía renovable para el 2040. Según IEA la energía eólica para la generación eléctrica a nivel mundial alcanzará alrededor del 10% mientras que la energía solar un 12%, por otro lado, la energía eléctrica obtenida por fuentes convencionales aun tendrá una notable participación tal como se muestra en la figura mención.

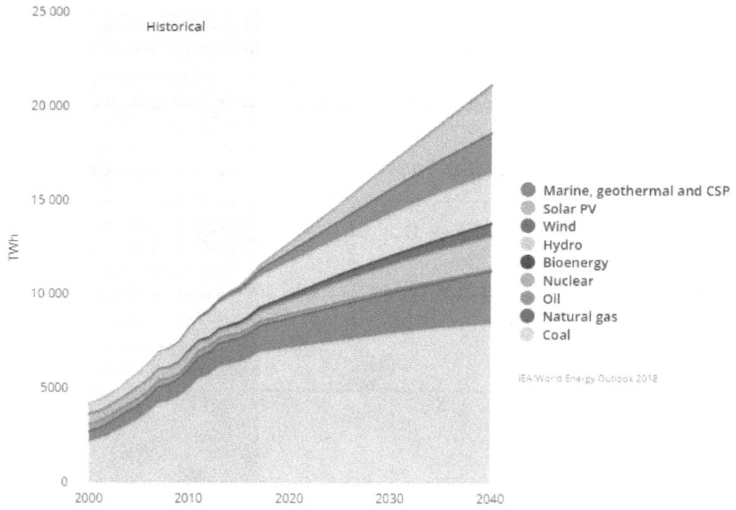

Figura 1.1.Generación de electricidad a nivel mundial por tecnología [2]

Con respecto a las fuentes de energía renovable, la Agencia Internacional de Energía Renovable (*International Renewable Energy Agency* – IRENA) menciona que existe una tendencia fuerte de crecimiento de energía renovable, que continuó en el 2018 con una adición global de 171 gigavatios (GW). Este aumento anual se vio reforzado por las nuevas incorporaciones de energía solar y eólica que representaron el 84% del crecimiento [3]. A fines del 2018 a nivel mundial la capacidad total de generación de energía renovable total alcanzó 2.351 GW, que es alrededor de un tercio de la capacidad eléctrica total, esto se muestra en la figura 1.2. Por tanto, la IEA como la IRENA muestran el crecimiento a nivel mundial de las fuentes de energías renovables, en especial en la energía solar y la energía eólica. Este crecimiento como se muestra en [1] es en parte porque los costos de la tecnología que se usan para la transformación de energía, así como los materiales que se usan bajaron significativamente; y por otro lado porque se muestra como solución atractiva a la contaminación del medio ambiente por el uso de este tipo de energía.

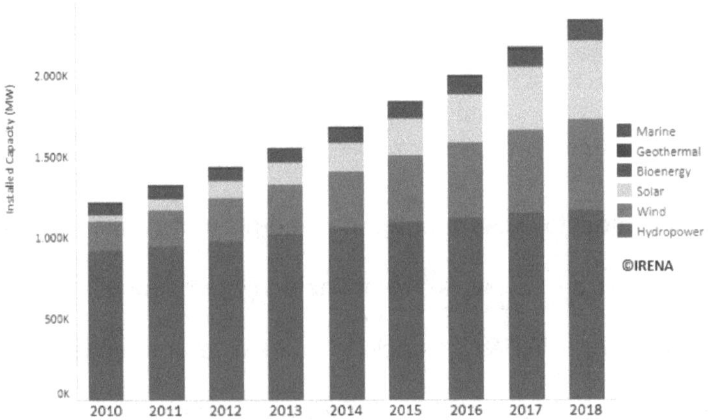

Figura 1.2. Energías renovables en el mundo [3]

Con respecto a la contaminación del medio ambiente, se sabe que una de las principales fuentes de contaminación ambiental es debido al uso de las fuentes de energía convencional, como por ejemplo el petróleo; por ello en diferentes partes del mundo los países han tomado medidas para disminuir esta contaminación. Con respecto a este punto el Perú en julio de 2016, firmó el Decreto Supremo Nº 058-2016-RE donde se ratifica el Acuerdo de París, con el compromiso de cuidar el medio ambiente debido al cambio climático. En dicho acuerdo se presentó los principales proyectos de reducción de la emisiones en los diferentes sectores, entre ellos en el sector de energía, en donde con los acuerdos tomados se pretende mitigar por el uso de energías renovables en 19% del total de emisiones [4] y con esto asegurar cumplir con dicho acuerdo. Para ello, las Acciones Nacionales Apropiadas de Mitigación (*Nationally Appropriate Mitigation Actions* – NAMA) que se refieren a todas aquellas acciones que realizan los países en vías de desarrollo con la finalidad reducir importantes cantidades de emisiones de gases de efecto invernadero (GEI), estas acciones se preparan bajo iniciativas nacionales de gobierno [5]. La NAMA para el sector de energía, en el Perú está a cargo del Ministerio de Energía y Minas (MINEM). La NAMA de las fuentes de energía renovables conectado a la red, busca aumentar la participación de la generación a través de centrales de recursos energéticos renovables (RER) no convencionales como las plantas solares y parques eólicos. En ese contexto, los escenarios que el proyecto ha diseñado para esta NAMA son [6]:

- Conservador. Considera una participación de 5% de la demanda de energía total con RER, tal como se contempla en el D.L. N°1002 – Promoción de Energía RER.
- Optimista. Considera un aporte mayor hasta 25%, producto de la implementación de cambios normativos en el mediano plazo como el reglamento de generación distribuida, potencia firme para las RER, y subastas de bloques horarios para los distribuidores, entre otros

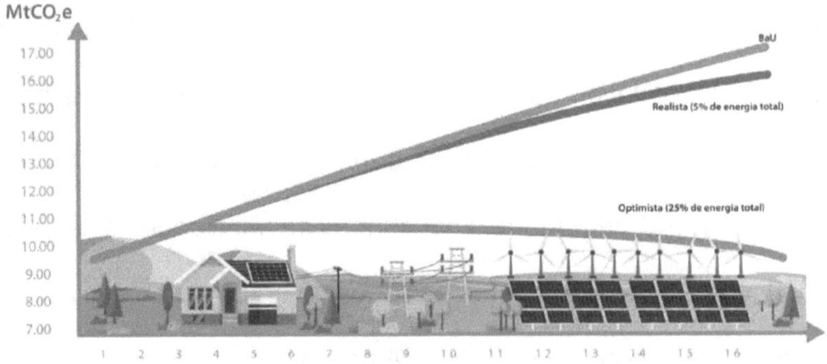

Figura 1.3. Emisiones de GEI-NAMA de RER Conectado [6]

Otro aspecto importante para el uso de los sistemas de energías renovables, es su fácil implementación sobre todo en zonas de difícil acceso, donde no llega el sistema de red eléctrica. Se calcula que en el Perú existen 2.1 millones de personas que no tienen acceso a la red eléctrica [7] entre ellas en su mayoría viven en zonas rurales muy dispersas, y zonas de difícil acceso; no obstante, estas zonas cuentan con fuentes primarias de energía como el sol y el viento. Por ello, el MINEM, a través de la Dirección General de Electrificación Rural (DGER), ejecutó 23 proyectos de electrificación rural durante el 2019, con una inversión de casi S/ 240 millones [8]. Con estos proyectos ejecutados, más de 108 mil peruanos que viven en 1516 localidades de todo el país fueron beneficiados. Sin embargo, a pesar de los proyectos ejecutados la brecha sigue siendo grande.

Para convertir la energía solar en energía eléctrica, generalmente se procede de dos formas: por un lado, con termo centrales solares, basados en Concentración de Energía Solar (*Concentraing Solar Power* - CSP) y por otro lado con Energía Solar Fotovoltaica (*Photovoltaic* - PV), esta última transforma la energía solar en energía eléctrica de forma directa a diferencia de CSP. La tecnología basado en CPS, usa una serie de transformaciones energéticas, desde la energía solar, el calor, procesos térmicos, la energía mecánica, y finalmente obtener energía eléctrica [9]. La transformación de energía usando tecnología PV, transforma directamente la energía solar en energía eléctrica usando paneles solares fotovoltaicos.

Un sistema fotovoltaico, consta de un arreglo de paneles PV, este convierte la energía solar, en energía eléctrica. La energía eléctrica obtenida del panel PV, es en forma de corriente eléctrica, la corriente que se obtiene del panel PV, es corriente continua (*Direct Current* - DC), no obstante, esta energía obtenida del panel PV es variante en el tiempo, ya que es dependiente de irradiancia solar y la temperatura del medio ambiente, por ello la energía obtenida del panel PV pasa a un convertidor electrónico de potencia el cual convierte la energía DC obtenida del panel PV a energía eléctrica DC controlable. Para aprovechar la máxima potencia disponible del panel, un seguidor de la máxima potencia del panel PV, que asegura la máxima transferencia de potencia disponible del panel al convertidor debe ser implementado. De esta forma, el convertidor tendrá a su salida una tensión DC constante y esta pueda alimentar cargas eléctricas que funcionan con energía DC como lámparas LED y/o para cargar de baterías. Para que el sistema PV alimente cargas de corriente alterna (*Alternating Current* - AC) y/o se conecte a la red eléctrica, se usa un inversor que convierte la energía DC en AC. Por tanto, existen dos tipos de sistemas PV, un sistema PV autónomo (DC o AC) y un sistema PV conectado a la red.

El sistema PV autónomo DC, cuenta con un respaldo baterías y un controlador de carga, tal como se muestra en la figura 1.4. Este sistema PV alimenta directamente cargas DC como lámparas DC, por otro lado, también se puede alimentar cargas AC, usando un inversor. Este sistema PV, está siendo instalado en diferentes zonas rurales del territorio peruano.

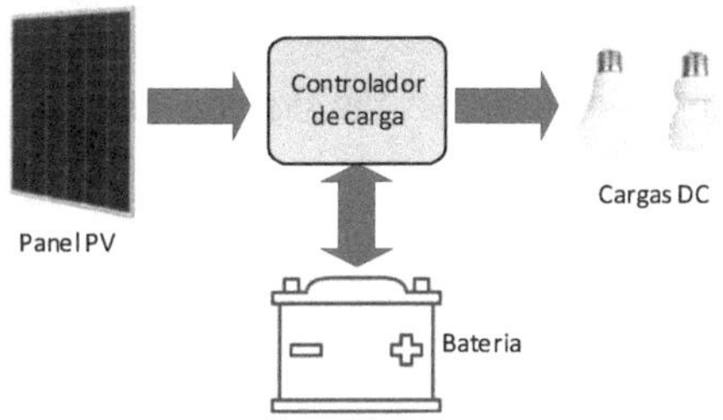

Figura 1.4. Esquema básico del Sistema PV aislado

El sistema PV conectado a la red, consta de un convertidor de tensión de corriente continua a corriente continua (DC – DC), seguido por un inversor, que convierte la tensión de corriente continua a corriente alterna (DC – AC), la salida del inversor se conecta la red, por lo general este sistema PV no cuenta con un respaldo de baterías. El diagrama simplificado del sistema PV conectado a la red se muestra en la figura 1.5.

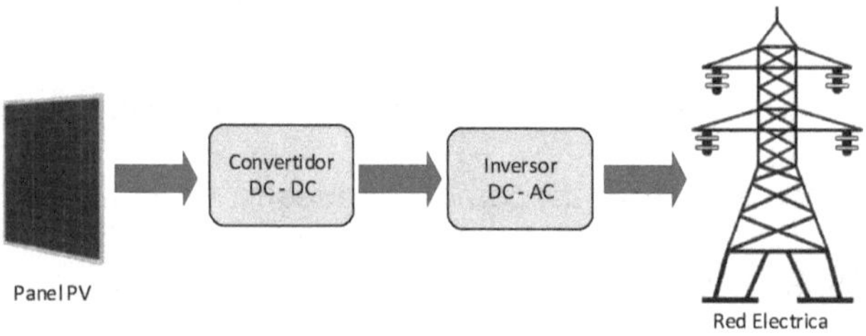

Figura 1.5. Esquema básico del Sistema PV conectado a la red

Los bloques del controlador de carga, convertidor DC – DC y el inversor DC – AC mostrados en las figuras 1.4 y 1.5 cuentan en su interior con circuitos electrónicos y sistemas de control, entre ellos un algoritmo que busca el punto de máxima potencia disponible del panel PV. Cada parte del sistema PV, ha sido y sigue siendo muy estudiado en la literatura, desde la tecnología de fabricación de los PV, así como las técnicas de control para que el sistema PV se conecte a la red. Con respecto a los convertidores DC – DC, existen diferentes estructuras de convertidores electrónicos, entre los más usados para aplicaciones PV están el convertidor que elevan y/o reducen la tensión de entrada. A continuación, se realiza un resumen de estos convertidores y sus estructuras.

CAPITULO II

2. COMPONENTES DE LA ENERGIA PV

2.1. Energía Solar Fotovoltaica

2.1.1. Celda solar fotovoltaica

La celda solar fotovoltaica llamada también celda fotovoltaica (PV), es un dispositivo semiconductor que convierten de manera directa la luz del sol en corriente eléctrica para producir potencia eléctrica. Esta transformación de energía se da ya que, la celda PV, es un dispositivo electrónico que permite transformar la energía luminosa (fotones) en energía eléctrica (electrones) mediante el efecto fotoeléctrico. Las celdas PV están conformadas por materiales semiconductores que controlan el flujo de electrones para formar corrientes eléctricas. La celda PV es básicamente un diodo semiconductor cuya unión P – N está expuesta a la luz [10]. Las celdas fotovoltaicas están hechas de varios tipos de semiconductores que utilizan diferentes tipos de fabricación, entre los más comerciales son las celdas de silicio monocristalinos, policristalinos y de película delgada o amorfas, la forma física de estas celdas PV se muestran en la Figura 2.1. La eficiencia para cada una de las celdas PV se muestran en la tabla 2.1 [11], las características mostradas en la tabla corresponden a celdas PV obtenidas a partir del silicio.

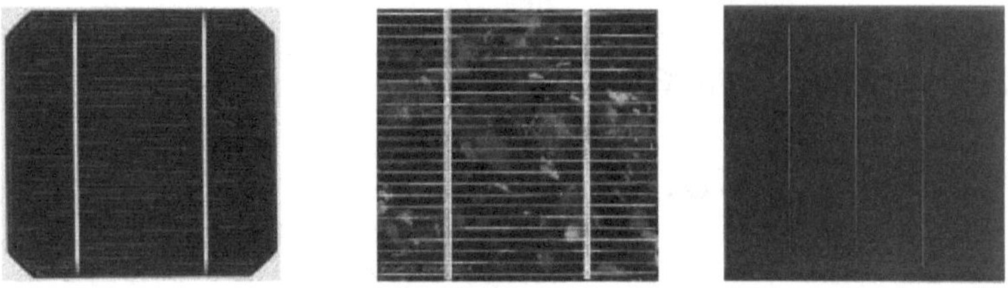

Figura 2.1. Celda solar de silicio monocristalino, policristalino y de película delgada [12]

Tabla 2.1. Eficiencia celdas PV de silicio medidos a 1000 W/m² y 25° C [11]

CLASIFICACION	EFICIENCIA (%)	DESCRIPCION
Monocristalino	25.0 ± 0.5	UNSW PERL
Policristalino	20.4 ± 0.5	FhG-ISE
Película delgada transfer	19.1 ± 0.4	ISFH
Película delgada submodule	10.5 ± 0.3	CGS solar

Las celdas PV de silicio, están compuestas de una capa delgada de *Si*, conectada a terminales eléctricos. Uno de los lados de la capa de *Si* se dopa para formar la unión P – N. Una rejilla delgada metal, se coloca en la superficie del semiconductor orientada hacia la luz, tal como se muestra en la figura 2.2, en esta se ilustra aproximadamente la estructura física de una celda PV.

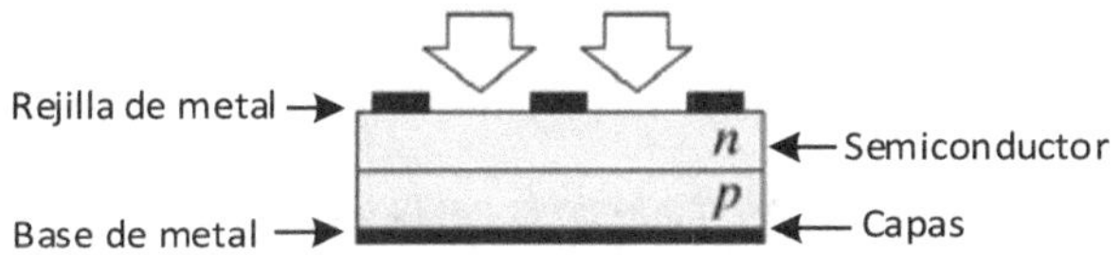

Figura 2.2. Estructura física de una celda PV [11]

2.1.2. Modelo matemático de una celda PV

Existen varios modelos matemáticos para representar una celda PV. Un modelo ideal para la celda PV, incluye una fuente de corriente y un diodo (figura 2.3), otro modelo más real añade una resistencia en serie y otra en paralelo al modelo ideal. Otro modelo incluye dos diodos y las resistencias en serie y paralelo. Debido a que el modelo de la celda PV generalmente incorpora un modelo equivalente de un solo diodo [36], en esta sección se analiza el modelo que incorpora un solo diodo tal como se muestra en la figura 2.3, su determinación de parámetros del modelo es muy crítica en la construcción del modelo. Este modelo cuenta con los parámetros de resistencia en serie Rs, resistencia en paralelo o de derivación Rp, factor de idealidad de diodo A, fotocorriente I_{pv}, entre otros.

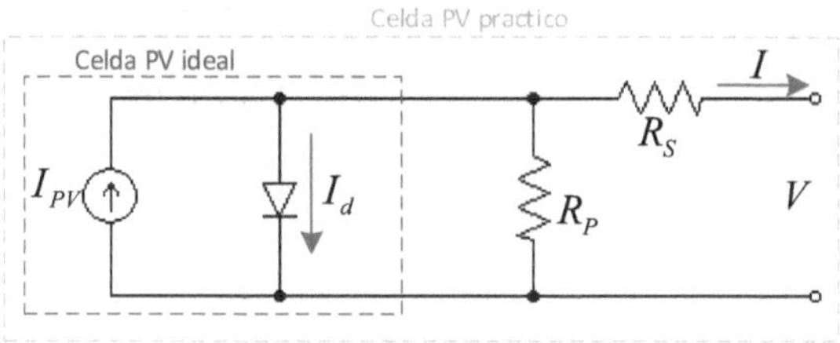

Figura 2.3. Modelo de un solo diodo de la celda fotovoltaica teórico y práctico [10]

Entre las características de las resistencias, del modelo practico de la figura 2.3, se tiene que el valor de Rp es un valor alto y el de Rs un valor muy bajo. La curva característica de corriente y tensión del modelo practico de la celda PV, se puede obtener por la diferencia de corrientes, esto se muestra en la figura 2.4.

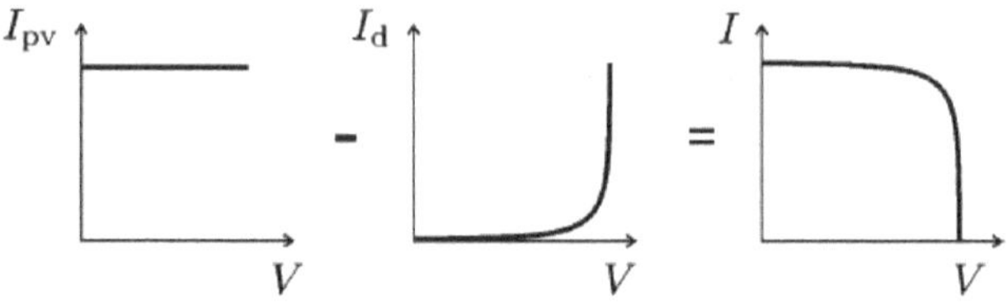

Figura 2.4. Curva I-V característica de la celda PV

La figura 2.4 muestra que la corriente de celda neta I está compuesta por la corriente generada por la luz I_{pv} y la corriente de diodo I_d. Por tanto, la ecuación de la curva característica de corriente y tensión de la celda PV, se puede expresar como:

$$I = I_{pv} - I_d = I_{pv} - I_{sd}\left(e^{\frac{V}{nV_t}} - 1\right) \tag{2.1}$$

Donde V_t, es una característica del diodo, esta es la tensión térmica de unión definido como:

$$V_t = \frac{kT}{q} \tag{2.2}$$

Donde:

$k = 1.3806503 \times 10^{-23} J/K$: Constante de Boltzmann

$q = 1.60217646 \times 10^{-19} C$: Carga del electrón

T : Temperatura

Por otro lado, el modelo practico de la figura 2.3, considera la corriente que circula por la resistencia en paralelo al diodo y a la fuente de corriente. Esta representa la corriente de fuga. Por otro lado, la corriente que circula por la resistencia en serie representa las pérdidas de corriente de carga. Tomando en cuenta estas dos corrientes la ecuación (2.1) que representa la corriente de salida la celda solar se puede formular de la siguiente manera [13]:

$$I = I_{ph} - I_{sd}\left(e^{\left(\frac{V+IR_S}{nV_t}\right)} - 1\right) - \frac{V + IR_S}{R_p} \qquad (2.3)$$

La ecuación (2.3), representa de manera más real la corriente de salida de la celda PV, no obstante, como se describió anteriormente al ser la resistencia en serie muy pequeña y la resistencia en paralelo muy grande, está por lo general no se toman en cuenta para calcular algunas características de la celda PV. Por ello, para el análisis posterior, se toma en cuenta la ecuación (2.1).

2.1.3. Características de la Celda PV

2.1.3.1. Corriente de cortocircuito ISC

La corriente de cortocircuito I_{SC}, es la que entrega la celda PV, cuando la salida de la celda se cortocircuita. Por tanto, la tensión de salida V de la celda es cero. La ecuación (2.1) anterior quedara:

$$I_{SC} = I|_{V=0} = I_{pv} - I_{sd}\left(e^0 - 1\right) = I_{pv} \qquad (2.4)$$

La corriente de cortocircuito del panel, será igual a la corriente que entrega la fuente de corriente, que convierte la luz en corriente, este es por tanto la máxima corriente que puede entregar la celda PV.

2.1.3.2. Voltaje de circuito abierto VOC

El voltaje de circuito abierto, ocurre cuando la corriente se vuelve cero. Para determinar el voltaje de circuito abierto, resolvemos la ecuación (2.1) despejando V y haciendo I = 0. Teniendo en cuenta el resultado anterior de (2.4) $I_{PV} = I_{SC}$, se tendrá:

$$V_{OC} = V\big|_{I=0} = mV_T \ln\left(\frac{I_{SC}}{I_S} + 1\right) \qquad (2.5)$$

Con corrientes muy pequeñas, el valor de 1 comparado con el cociente de I_{SC}/I_S puede ignorarse, por tanto, la (2.5) se convierte en:

$$V_{OC} = V\big|_{I=0} = mV_T \ln\left(\frac{I_{SC}}{I_S}\right) \qquad (2.6)$$

La ecuación (2.6) muestra que la dependencia del voltaje de circuito abierto es mucho más baja que la de la corriente de cortocircuito, ya que V_{OC} de una celda solar solo cambia con el logaritmo natural de la irradiancia. Por otro lado, esta tensión tiene una fuerte dependencia de la tensión térmica. Entonces, la tensión V_{OC}, se verá afecta en mayor medida por la temperatura que por la irradiancia.

2.1.3.3. Punto de máxima potencia (MPP)

La celda solar PV proporciona diferentes capacidades de trabajo, esto depende de la carga que se conecte a la celda PV, el punto de trabajo real ira cambiando. El punto de operación en el que se proporciona la potencia máxima se denomina punto de máxima potencia (*Maximum Power Point* – MPP). Como el punto de trabajo siempre corresponde a la superficie de la curva IV, esta área debe ser la máxima en el caso del MPP. Este caso se muestra en la figura 2.5. Los valores de corriente y la tensión asociados con el MPP se denominan corriente en el punto de máxima potencia I_{MPP} y tensión en el punto de máxima potencia V_{MPP}.

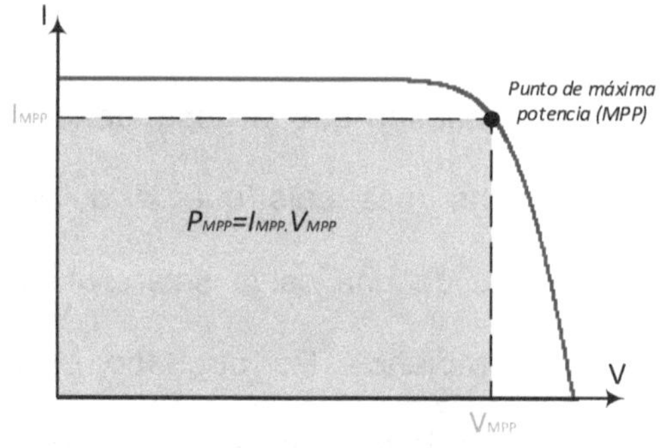

Figura 2.5. Curva característica de la celda PV

El MPP, puede cambiar según la irradiancia y temperatura que reciba la celda PV, dado que la curva de tensión y corriente cambian.

2.1.3.4. Factor de forma (FF)

El factor de forma FF describe la relación de la potencia MPP y el producto a partir del voltaje de circuito abierto y la corriente de cortocircuito, tal como se muestra en la figura 2.6. Como se muestra, FF muestra el tamaño del área bajo el punto de trabajo MPP en comparación con el área $V_{OC}.I_{SC}$:

$$FF = \frac{I_{MPP}.V_{MPP}}{I_{SC}.V_{OC}} = \frac{P_{MPP}}{I_{SC}.V_{OC}} \qquad (2.7)$$

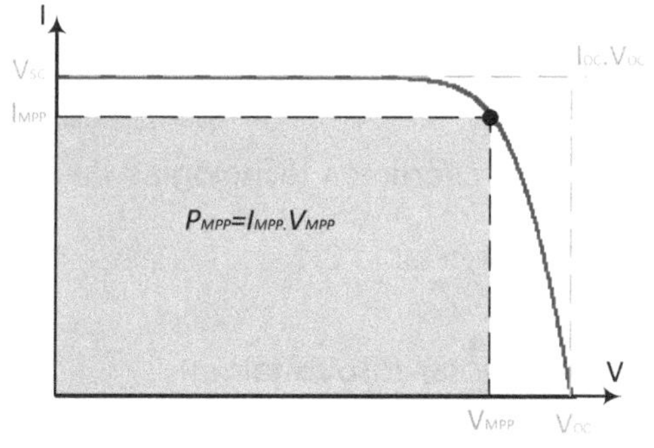

Figura 2.6. Factor de forma dado por la relación entre P_{MPP} y $I_{SC}.V_{OC}$

El factor de forma es una medida de la calidad de una celda; los valores típicos para las celdas de silicio son entre 0.75–0.85 y en la región de materiales de película delgada están entre 0.6–0.75.

2.1.3.5. Eficiencia (η)

La eficiencia de una celda solar PV, describe que porción de la energía solar P_{Opt} que entra a la celda se convierte en energía eléctrica, esta se puede escribir como:

$$\eta = \frac{P_{MPP}}{P_{Opt}} = \frac{P_{MPP}}{G.A} \qquad (2.8)$$

Donde:

G: irradiancia (w/m^2)

A: área de la celda solar (m^2)

La eficiencia para diferentes tecnologías de fabricación de las celdas PV, se mostró en la tabla 2.1.

2.1.4. Panel o Modulo solar fotovoltaico

El panel PV está constituida, por celdas PV conectadas en serie y paralelo, por lo general los fabricantes de módulos solares conectan las celdas solares en serie tal como muestra la figura 2.7.

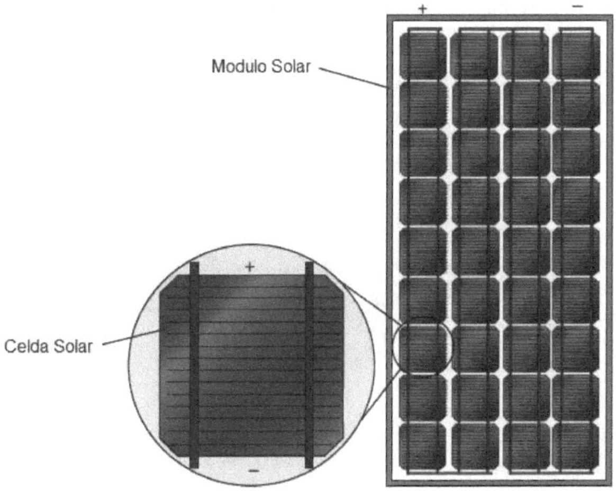

Figura 2.7. Modulo solar PV compuesto por 36 celdas PV conectadas en serie

En la figura 2.7, se conectan muchas celdas PV en un módulo en serie para lograr tensiones decentes. En la figura muestra el efecto de la conexión en serie en un ejemplo de una celda triple, en donde la corriente en todas las celdas es la misma y la tensión del módulo PV en general está compuesto por la suma de tensiones individuales de cada celda PV.

2.1.5. Efectos de la irradiancia y temperatura en la corriente del módulo solar.

La fuente de corriente de la celda I_{PV} es directamente proporcional a la irradiancia solar *G*. Es decir, la celda PV, entregara más corriente cuando reciba más irradiación. Por ello una de las constantes proporcionado por el fabricante es la constante térmica para la corriente, del módulo solar, esta constante se conoce como "coeficiente de Temperatura a Isc". La relación para una celda solar viene dado por [14]:

$$I_{PV}(G,T) = I_{SC}\frac{G}{G_G}\left[1+\Delta I_{SCT}\left(T-T_s\right)\right] \qquad (2.9)$$

Donde:

G : irradiancia que llega a la celda solar

T : temperatura en la celda solar

I_{SC} : corriente de corto circuito a condiciones estándar

G_G : irradiancia estándar (1000w/m^2)

T_S : temperatura estándar (25°C)

ΔI_{SCT} : coeficiente de temperatura a corriente de corto circuito

Se muestra la curva I-V para un módulo solar en la figura 2.8, para diferentes irradiancias manteniendo constante la temperatura. En esta figura se muestra que la corriente sufre grandes variaciones con la irradiancia.

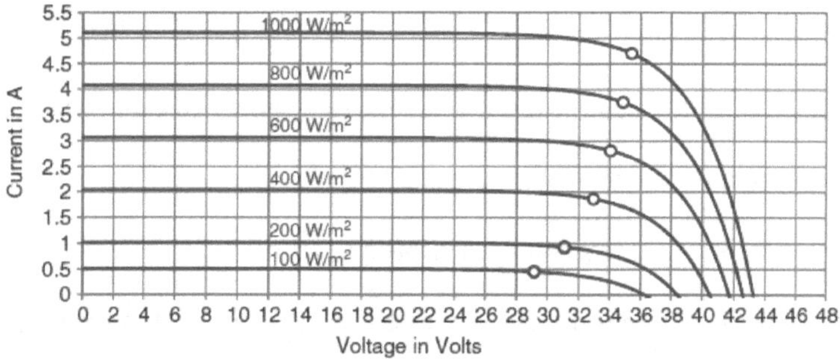

Figura 2.8. Característica de la curva I-V para el módulo solar SW-165 para varias irradiancias

2.1.6. Efectos de la temperatura en la tensión del módulo solar.

A diferencia de la corriente del módulo del panel PV, que varía solo con la irradiación, la tensión del módulo varia con la irradiación y temperatura. Sin embargo, como se mostró (2.6) la irradiancia afecta a la tensión de manera casi nula, por lo que la tensión del módulo PV variara de manera notable con la temperatura. Por ello, otra constante térmica es proporcionada por el fabricante de módulos solares, conocido como "coeficiente de Temperatura a Voc". Por tanto la tensión de circuito abierto se puede calcular como [14]:

$$V_{OC}(T) = V_{OCS} + \Delta V_{OCT}\left(T - T_s\right) \tag{2.10}$$

Donde:

V_{OCS} : tensión a circuito abierto a condiciones estándar

ΔV_{OCT}: coeficiente de temperatura a tensión de circuito abierto

Por tanto, como muestra (2.10) la tensión de circuito abierto se ve determinada en gran media por la temperatura, por lo que variaciones en la irradiancia no afectaran de manera notable a V_{OC}. En la figura 2.9 se muestra la curva I-V para diferentes temperaturas, pero manteniendo la irradiancia constante.

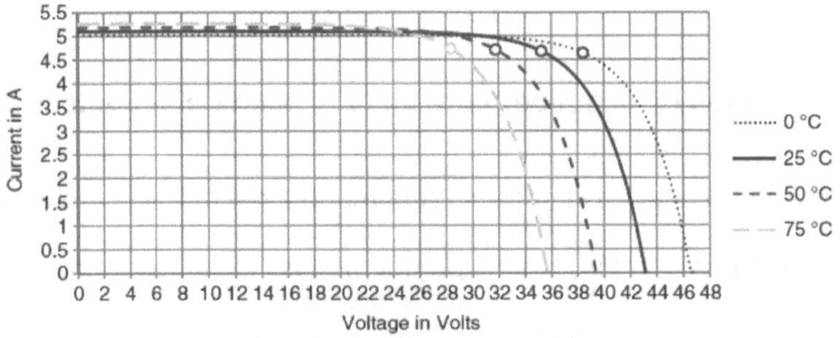

Figura 2.9. Característica de la curva I-V para el módulo solar SW-165 para varias temperaturas

2.2. Búsqueda del MPP

Como se ya se mostró en secciones anteriores, la irradiancia y la temperatura afectan a la corriente y la tensión de salida del panel PV, y por ende la potencia de salida del panel PV. Dado que la irradiancia y temperatura no son constantes a lo largo de un día, la curva de I-V será también cambiante y el MPP también. Por tanto, el MPP se mueva cada instante dependiendo de la temperatura y las condiciones de irradiación. Por ello, es que se producen pérdidas de potencia cuando el punto de funcionamiento no está cerca del MPP.

En la figura 2.5, se mostró la curva característica de corriente y tensión conocido como la curva I-V, la potencia del panel PV se calcula como el producto de la corriente y tensión, teniendo en cuenta esto se puede construir la gráfica de la potencia del panel con la tensión del mismo, a esto se conoce como la curva de potencia y tensión P-V, esta curva se muestra en la figura 2.10.

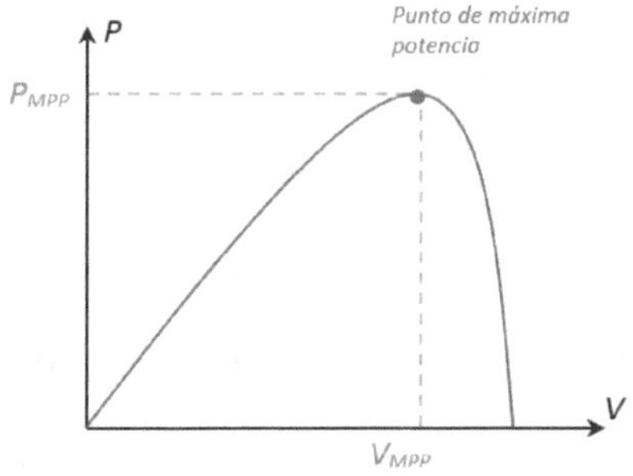

Figura 2.10. Curva P-V característica del panel PV

En la figura 2.10 se puede notar que el MPP, está en el punto más alto de la curva P-V; de forma similar a la curva I-V, la carga eléctrica que conecte al panel PV, hará que el MPP se mueva y como consecuencia no se aproveche al máximo la potencia disponible del panel PV. Por lo tanto, es esencial rastrear o seguir el MPP en cualquier condición de irradiancia y temperatura.

Como se describió anteriormente a la salida de un panel PV o de un arreglo de paneles PV se conectan convertidores electrónicos de potencia a fin de obtener una energía más uniforme y controlada, dado la variación en el tiempo de potencia en el panel PV. Entre los convertidores electrónicos y el panel PV existe un bloque de control compuesto por un algoritmo que busca el MPP para garantizar que se transfiera la máxima potencia disponible del panel PV al convertidor.

Dado que la ubicación del MPP es desconocida; no obstante, este punto puede ubicarse, ya sea a través de algoritmos de búsqueda o mediante modelos de cálculo. En la figura 2.11, se muestra la relación entre las curvas de corriente y tensión (*curva I-V*) y la curva de potencia y tensión (*curva P-V*), en donde se puede ver claramente a relación del punto de máxima potencia.

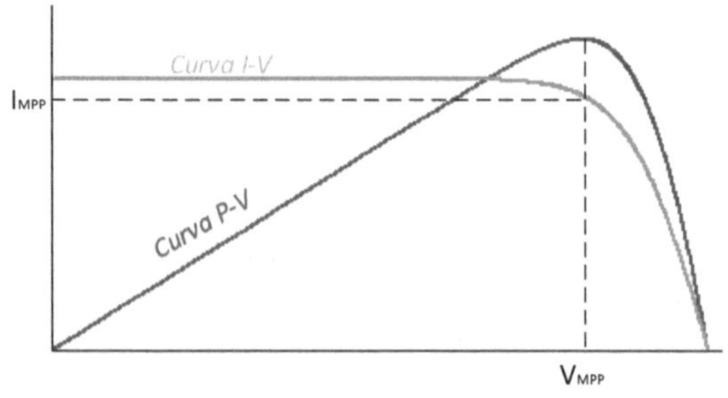

Figura 2.11. Curvas I-V y P-V de un panel PV.

Para encontrar el punto de máxima potencia existen diferentes métodos y/o técnicas. Por lo general la técnica de seguimiento de MPP consiste en ajustar el voltaje de salida del panel PV para extraer la potencia máxima disponible en cualquier cambio en la entrada (temperatura, irradiancia). La búsqueda del punto de máxima potencia (*Maximum Power Point Tracker* – MPPT) se basa en el hecho de que en la figura 2.11, la derivada de la potencia de salida del panel P_{PV} con respecto a la tensión de salida del panel V_{PV} es cero en el MPP, positiva a la izquierda del MPP y negativa a la derecha del MPP. Las curvas que expresan el comportamiento de la energía fotovoltaica se pueden escribir como:

$$\begin{cases} \dfrac{dP_{PV}}{dV_{PV}} = 0, & cuando \quad V_{PV} = V_{MPP} \\ \dfrac{dP_{PV}}{dV_{PV}} > 0, & cuando \quad V_{PV} < V_{MPP} \\ \dfrac{dP_{PV}}{dV_{PV}} < 0, & cuando \quad V_{PV} > V_{MPP} \end{cases} \qquad (2.11)$$

La ecuación (2.11), puede ser usado para hacer un algoritmo que busque el MPP. Existen muchos algoritmos de búsqueda del MPP, entre ellos por el ejemplo el algoritmo de conductancia incremental (IC), que usa variación de esta ecuación. Otro algoritmo de búsqueda del MPP es el algoritmo de Perturbar y Observar (P&O), ya que presenta una sencilla programación e implementación, el diagrama de flujo del algoritmo MPPT P&O se presenta en la figura 2.12.

Figura 2.12. Diagrama de flujo del algoritmo MPPT P&O

El algoritmo P&O consiste en un proceso iterativo, en el que se computa el valor de la potencia actual, para lo cual se muestrea la tensión y la corriente actual del panel PV. La potencia actual es comparada con la potencia anterior para determinar si esta ha incrementado o disminuido. Una vez definida variación, se evalúa si la tensión actual es mayor o menor que la tensión anterior, de esta forma se determina la variación a una referencia para el convertidor, esta puede ser de ciclo de trabajo, corriente o tensión, en este caso se muestra la tensión como referencia deseada en el panel PV. Esta tensión de referencia es utilizada por un controlador para establecer la tensión del panel PV en el MPP. Este proceso lleva al sistema a operar alrededor de la tensión V_{mpp}. La implementación de este algoritmo se ve en el capítulo siguiente, y los otros métodos de MPPT se ve en otro capítulo posterior.

2.3. Sombreado Parcial y sus efectos

Dado que los algoritmos MPPT, juegan un papel importante para la transferencia de la máxima potencia, sobre todo por la característica de la irradiación cambiante. El algoritmo MPPT se encuentra en constante búsqueda del MPP, del arreglo de los paneles. Sin embargo, cuando existen una irradiación no uniforme sobre las superficies de los paneles hace que la curva característica de P-V, tenga una forma irregular, lo que hace que el algoritmo MPPT tenga problemas en su búsqueda.

El sombreado parcial juega un papel vital en la generación de energía de los paneles fotovoltaicos. Este fenómeno, puede reducir drásticamente la potencia de salida de los paneles fotovoltaicos, lo que da como resultado múltiples puntos máximos en la curva característica de P-V [15]. El problema del sombreado parcial de los módulos fotovoltaicos es muy importante en términos de eficiencia de la generación de energía eléctrica. Un módulo fotovoltaico funciona correctamente si la iluminación incidente en su superficie es uniforme. Sin embargo, incluso si una pequeña parte del mismo está sombreada, la potencia eléctrica generada disminuye significativamente [16]. La disminución de la potencia es mucho mayor de lo que parece en función de la proporción del área sombreada. Esto ocurre debido al hecho de que cuando una parte del módulo fotovoltaico está sombreada, deja de funcionar como generador y provoca una resistencia eléctrica.

Los múltiples puntos generados en la curva P-V, debido a un sombreado parcial se muestra en la figura 2.13.

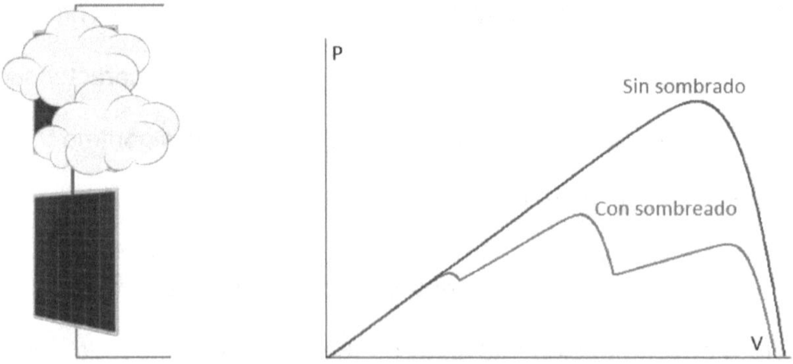

Figura 2.13. Curva P-V con sombreado y sin sombrado.

La potencia disminuye en presencia del sombreado parcial, tal como se muestra en la figura 2.13, de acuerdo con el patrón de sombreado al arreglo de paneles presentaran diferentes picos de potencia. Se han desarrollado varios enfoques para el cálculo del efecto de sombreado, así como disminuir las perdidas. Con respecto a estas pérdidas de potencia debido al sombreado parcial, se han propuesto varias técnicas para resolver este problema, una de estas técnicas está basada en la topología de conexión de los paneles. Por otro lado, están los algoritmos de búsqueda del MPP para estas condiciones [17]. Con estas técnicas se logra que el arreglo de paneles PV entregue la máxima potencia disponible en condiciones de sombreado parcial.

CAPITULO III

3. ANALISIS DEL MPPT PARA CONDICIONES DE SOMBREADO PARCIAL

El algoritmo MPPT de los módulos o paneles PV de los sistemas fotovoltaicos, como el sistema diseñado en el capítulo III, funciona mejor cuando la irradiancia no cambia de manera abrupta debido a un cambio brusco como un sombreado parcial en la superficie de los módulos PV, es decir la irradiancia sobre los módulos se mantienen con la misma irradiancia en toda la superficie. El problema del sombreado parcial en los módulos fotovoltaicos es muy importante en términos de eficiencia, para la generación de energía eléctrica. Un módulo fotovoltaico funciona correctamente si la iluminación incidente en su superficie es uniforme, aunque esta sea variante en el tiempo. Sin embargo, cuando existe un sombreado sobre la superficie del panel e incluso si una pequeña parte del mismo está sombreada, la potencia eléctrica generada disminuye significativamente [16]. Esta pérdida de potencia se da porque, la superficie del PV esta iluminada en menor medida y por tanto recibe menos irradiancia, si la irradiancia es mucho menor parte del panel PV, o todo un panel PV puede hacer que este deje de ser un generador de electricidad y se convierte en una carga.

Para solucionar las pérdidas por sombreado parcial se presentan diversas técnicas, una de ellas consiste en la forma de conectar los paneles, esto es la topología de conexión de paneles PV. Al tener una gran cantidad de paneles conectados en serie y paralelo, esta se presenta como una solución al sombreado parcial, dado a la reconfigurando la conexiones como se muestra en [18], en este se estudian tres configuraciones estándar de matriz PV que consisten en conexiones series paralelas, unidas por puentes y cruzadas totales. Sin embargo, este método de reconfiguración, se usa cuando se tiene una gran cantidad de paneles PV interconectados. Por ello, si solo si se tiene dos o tres paneles PV, se suele usar en la literatura algoritmos que calculen el punto máximo de potencia global de todo el arreglo de paneles PV, bajo estas condiciones.

El sombreado parcial sobre un arreglo de paneles PV, hace que la curva de potencia voltaje P-V cambie y dicha curva no se parezca al estudiado en el capítulo III, ya que en esta aparecen varios picos de potencia, estos picos de potencia son llamados máximos locales. Por ejemplo, si se conectan tres paneles PV en serie y simulamos un sombreado parcial a este arreglo, con valores de irradiancia por debajo de 1000W/m^2 a los dos paneles del arreglo PV, la curva de potencia para este caso presentara la forma de la figura 4.1.

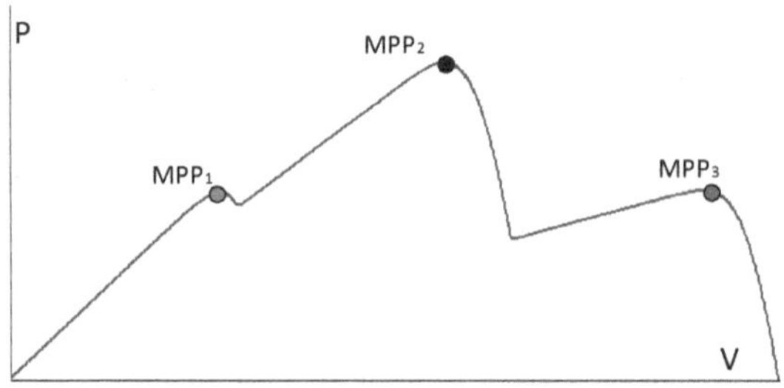

Figura 3.1. Curva potencia - tensión de un arreglo parcialmente sombreado

La curva P-V de la figura 4.1 presenta varios picos de potencia estos son los puntos máximos locales (MPP_1, MPP_2 y MPP_3) pero solo existe un máximo global (MPP_2). Si el panel PV, trabaja en uno de los máximos locales, que no sea MPP_2, no se estaría aprovechando la máxima potencia disponible del panel PV. En esta curva P-V se puede notar tres puntos MPP locales, la cantidad de máximos locales depende de la cantidad de paneles conectados en serie [19]. El sistema fotovoltaico puede trabajar en uno de esos MPP locales, esto dependerá del algoritmo MPPT implementado, y el MPP encontrado por el algoritmo no necesariamente será el máximo global. Por ello, es importante la implementación de un algoritmo MPPT que busque el máximo global en estas condiciones.

Existien muchos metodos que hacel el MPPT para la curva caracteristica del panel PV, en condicones de sombreado parcial. En esta capituilo se discuten algunos de estos metodos y/o tecnicas. Sin embargo puede surgir la pregunta, ¿cual debe ser el algoritmo de MPPT a usar?, por ello, tambien se usa un metodo multicritero para escoger un metodo MPPT para sombredo parcial, e implemertar este agoritmo MPPT y control del mismo para el sistema PV, diseñado anteriormente.

3.1. Métodos MPPT

Como se mostró en capítulos anteriores, la celda y los módulos fotovoltaicos generan diferentes potencias dependiendo de las diferentes condiciones de irradiancia y temperatura, y de la carga eléctrica que se le conecte. No se garantiza la generación de potencia máxima en todas las cargas eléctricas conectadas al arreglo de paneles PV [52]. Para extraer la potencia máxima disponible de los paneles PV, se utiliza algoritmos de búsqueda del punto de máxima potencia (MPPT) para los sistemas PV.

Se han propuesto en la literatura, numerosas técnicas de MPPT para los sistemas fotovoltaicos. Dado que existen diversos enfoques para el MPPT, se pueden clasificar según la literatura en tres grupos [20] [21][22]:

- MPPT convencionales o métodos de control directo.
- MPPT basado en las características del panel PV o métodos de control indirecto.
- MPPT basado en métodos computacionales.

3.1.1. MPPT convencionales o métodos de control directo

Las MPPT convencionales, también conocido como métodos de control directo, que incluye las técnicas más populares, esta se basa en ciertas observaciones aplicando una señal de control al convertidor electrónico de potencia. Entre estos métodos se tiene: la escalada (*Hill Climbling – HC*), perturbar y observar (P&O), y conductancia incremental (INC). El método MPPT P&O, se describió en el diseño del circuito del capítulo III. Por ello, que en esta sección solo describe brevemente el método de escalada y el de conductancia.

A) Algoritmo HC

El algoritmo del método de escalada HC, se muestra en la figura 4.2. Su funcionamiento principal es como el algoritmo P&O, pero la referencia que se obtiene se conecta directamente al convertidor, esta referencia puede ser la corriente, la tensión o el ciclo de trabajo, por tanto, a diferencia del algoritmo P&O, el algoritmo HC no necesita de un controlador PI. Por otro lado, una ventaja respecto al P&O su implementación es menos costosa. Sin embargo, el algoritmo HC al no contar con un controlador PI, su respuesta dinámica es más lenta [23] respecto al P&O. Debido a que le algoritmo HC es parecido al algoritmo P&O, en la literatura son comparados, incluso en años recientes [24].

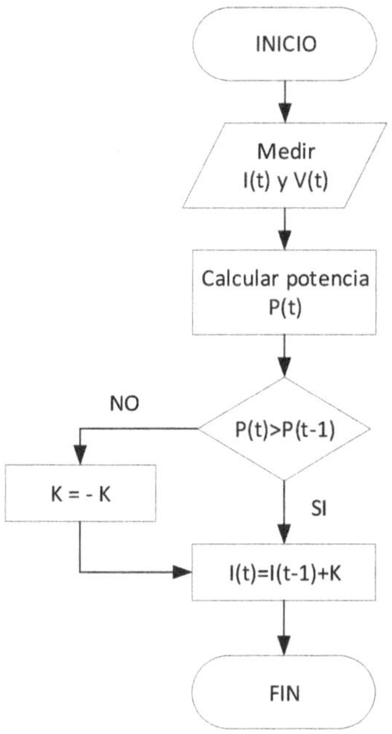

Figura 3.2. Diagrama de flujo del algoritmo MPPT HC

La figura 4.2, el algoritmo HC para la búsqueda del MPP, para el convertidor diseñado en el capítulo III, usaría una corriente de referencia, que es la que controla la conmutación de los puentes. En la literatura, para los convertidores usados comúnmente se usa como referencia un ciclo de trabajo.

B) Algoritmo INC

Los algoritmos MPPT basados en P&O y HC, tiene dos limitaciones principales, el primero es que, debido a una cantidad fija de perturbación en el estado estacionario, siempre hay una pequeña variación de potencia alrededor del MPP que contribuye a algunas pérdidas de potencia y, en segundo lugar, que, bajo fluctuaciones rápidas del ambiente como la irradiancia, el punto de operación es más probable que diverja del verdadero MPP. El método INC fue propuesto en [25]. para evitar las desventajas mencionadas. El algoritmo INC se basa en el hecho de que la derivada de (dP/dV) es cero en el MPP, esto se puede expresar como:

$$\frac{dP}{dV} = \frac{d(VI)}{dV} = I + V\frac{dI}{dV} = 0 \qquad (3.1)$$

La ecuación (3.1), puede ser reescrito como (3.2), con la finalidad de obtener la conductancia.

$$-\frac{I}{V}=\frac{dI}{dV}\cong\frac{\Delta I}{\Delta V} \quad (3.2)$$

Donde ΔV y ΔI son los incrementos de tensión y corriente respectivamente, para un arreglo paneles PV. El cociente I/V es la conductancia. La característica de incremento de esta, es aprovechada para encontrar el MPP. El principio de funcionamiento del algoritmo de conductancia incremental para encontrar el MPP, se puede escribir con las ecuaciones:

$$\frac{\Delta I}{\Delta V}=-\frac{I}{V} \qquad \textit{esta} \quad \textit{en} \quad \textit{MPP} \quad (3.3)$$

$$\frac{\Delta I}{\Delta V}>-\frac{I}{V} \qquad \textit{lado} \quad \textit{izquierdo} \quad \textit{MPP} \quad (3.4)$$

$$\frac{\Delta I}{\Delta V}<-\frac{I}{V} \qquad \textit{lado} \quad \textit{derecho} \quad \textit{MPP} \quad (3.5)$$

Las ecuaciones descritas, dan idea básica del algoritmo INC. Esta idea, consiste en comparar gradualmente la conductancia instantánea con relación a la derivada de la conductancia. Usando las reglas establecidas en (3.3), (3.4) y (3.5), el diagrama de flujo básico del algoritmo INC se representa en la Figura 4.3.

La figura 3.3 encuentra el MPP, dando como referencia una tensión, esta tensión es la referencia para un controlador PI, que a su vez da también una corriente de referencia para controlar la conmutación de los puentes activos del convertidor DAB-SR, diseñado anteriormente. Para convertidores clásicos como el Boost y Buck la referencia es un ciclo de trabajo. El algoritmo INC a diferencia del algoritmo P&O y HC, se adapta más rápido a cambios bruscos de irradiancia y/o de temperatura, incluyendo una incremento de paso variable.

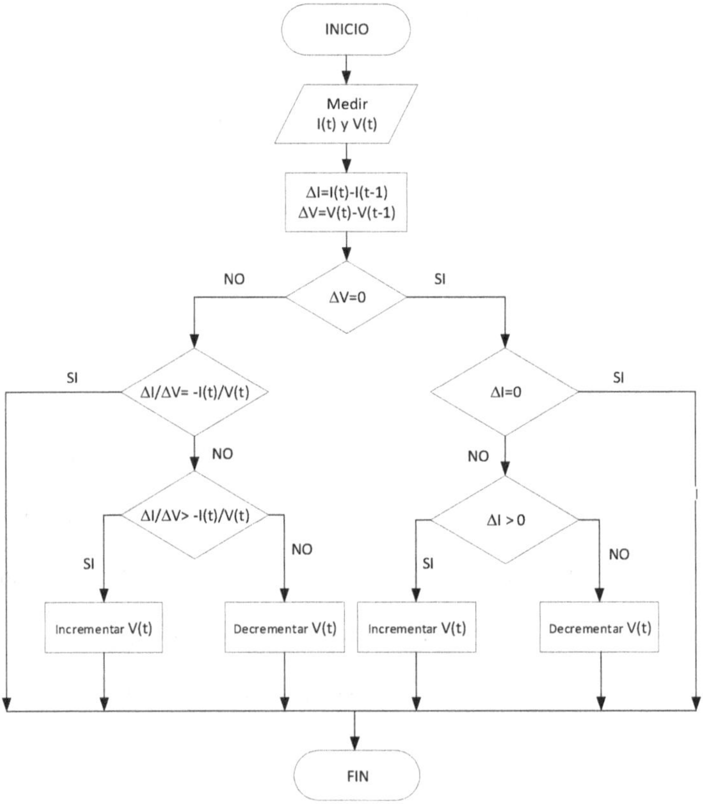

Figura 3.3. Diagrama de Flujo del algoritmo MPPT INC.

Los algoritmos MPPT descritos anteriormente, P&O, HC y INC como se vio a inicios de este capítulo, no pueden encontrar el punto de máxima potencia global, en condiciones de sombrado parcial [26].

3.1.2. MPPT basado en las características del panel PV o métodos de control indirecto

Los métodos que se incluyen en esta categoría explotan el comportamiento inherente de los diferentes parámetros del panel PV, con respecto a las variaciones de temperatura e irradiancia. Entre estos métodos, se tienen el método que se caracteriza por aprovechar los valores de corriente del panel, este método es comúnmente llamado método de corriente fraccional de cortocircuito (*Fractional Short Circuit Current - FSCC*). El otro aprovecha sus características de tensión y lo reconoce como tensión fraccional de circuito abierto (*Fractional Open Circuit Voltage - FOCV*). A continuación de describen brevemente en qué consisten estos métodos.

A) MPPT basado en Corriente Fraccional de Cortocircuito

La idea básica para el método FSCC se deriva de la relación entre los valores de corriente a cortocircuito (I_{SC}) y la corriente de potencia máxima (I_{MPP}) del panel PV, los valores de I_{SC} y I_{MPP} se pueden obtener de la hoja de datos del panel, y en algunos casos estos valores son presentados para diferentes condiciones climáticas. Existe una relación lineal entre el I_{SC} y el I_{MPP}, que se puede escribir como:

$$I_{MPP} = K_i \times I_{SC} \quad (3.6)$$

Donde K_i es una constante de proporcionalidad. Dado que K_i se caracteriza por las características del panel fotovoltaico en consideración, debe determinarse de antemano mediante la determinación empírica de I_{SC} y I_{MPP} a diferentes niveles de irradiancia y temperatura. En general, para la mayoría de los paneles fotovoltaicos, se ha encontrado que el factor Ki está entre 0.78-0.92. Varios autores utilizaron la ecuación (4.6) para encontrar el MPP del sistema PV [27][28].

Sin embargo, el principal problema radica en la medición de I_{sc} durante la operación MPP. Para medir I_{sc}, se introduce un interruptor adicional en el convertidor DC-DC que periódicamente pone en cortocircuito el terminal del panel fotovoltaico para poder medir I_{sc}. Sin embargo, este circuito adicional aumenta los componentes y, por tanto, el costo. Además, la potencia disponible podría reducirse significativamente debido a la estimación aproximada de K_i en (4.6), que no garantiza la coincidencia perfecta de MPP verdadero.

B) MPPT Basado en Tensión Fraccional de Circuito Abierto

De forma similar al método FSCC, el método FOCV también usa las características del panel PV, pero como lo dice su nombre en este caso se usa los valores de las tensiones, la tensión a circuito abierto V_{OC} y la tensión en el punto máxima potencia V_{MPP}. Existe una relación lineal entre el V_{OC} y V_{MPP}, esta se puede aproximar usando la ecuación (3.7):

$$V_{MPP} = K_V \times V_{OC} \qquad (3.7)$$

Donde K_V es una constante de proporcionalidad. Al igual que Ki, la constante Kv también debe determinarse utilizando la relación entre las tensiones V_{MPP} y V_{OC} a diferentes niveles de irradiancia y temperatura. Los valores de Kv se encuentran entre 0,71 y 0,84. Igual que el algoritmo anterior la tensión V_{OC} debe medirse periódicamente, abriendo el circuito, lo que deteriora la eficiencia dinámica de MPPT. Similar al método de FSCC, la ecuación (3.7) es la única estimación y técnicamente el panel PV nunca opera en el MPP.

Este método MPPT, basado en las características del panel PV, tanto el que está basado en la corriente de corto circuito y la tensión a circuito abierto del panel PV, permite encontrar el MPP. No obstante, este método al igual que los algoritmos P&O y HC, oscilan alrededor del MPPT y no buscan el MPP global. En la sección que sigue se describe los métodos computacionales para buscar el MPP global, en condiciones de sombreado parcial.

3.1.3. MPPT basado en métodos computacionales

Las técnicas MPPT mostradas en la sección anterior, tienen oscilaciones continuas alrededor de MPP y esto causa pérdida de potencia. Además, los MPPT convencionales no pueden rastrear el MPP global en condiciones no uniformes, debido a las condiciones de sombreado parcial. Por ello en esta sección se introduce los métodos computacionales o también conocidos como métodos de Inteligencia Artificial, estos métodos tienen la capacidad de encontrar el MPP global de los MPP locales para condiciones de sombreado parcial.

Los métodos computacionales, se aplican para manejar modelos aproximados para dar soluciones óptimas a problemas complejos. Se utilizan ampliamente en los últimos años, para desarrollar controladores MPPT [20][21], así como en otras áreas de energía renovable. Entre los métodos computacionales se tienen la red neuronal artificial, el control de lógica difusa, la optimización de enjambre de partículas, algoritmos genéticos, entre otros. Estos métodos usan un proceso de aprendizaje inteligente que ofrecen la capacidad de predecir la ubicación del MPP. En esta sección se analizan brevemente algunos de estos métodos MPPT.

A) MPPT Basado en Lógica Difusa

La lógica difusa o la teoría de conjuntos difusos es un método para controlar el MPPT en la obtención del punto de máxima potencia [29]. La capacidad de cómputo de los microprocesadores existentes permitió que se emplee el control por Lógica difusa (*Fuzzy Logic Control - FLC)* en el controlador MPPT. Usando FLC, el modelo matemático del sistema no es necesario. Esto en sí mismo es una ventaja importante porque los cambios en el punto de operación, las no linealidades y las incertidumbres, como las cantidades físicas no modeladas, pueden tratarse de manera efectiva. Por otra lado el FLC son más robustos que los controladores no lineales convencionales [30].

Como se presenta en la figura 3.4, el controlador FLC se compone de tres procesos: fusificación, reglas de inferencia y desfusificación. Además, las reglas diseñadas se almacenan en la tabla de reglas que representa a la base de datos. El proceso en el que FLC realiza el cálculo basado en la tabla de reglas para generar la salida se denomina inferencia difusa.

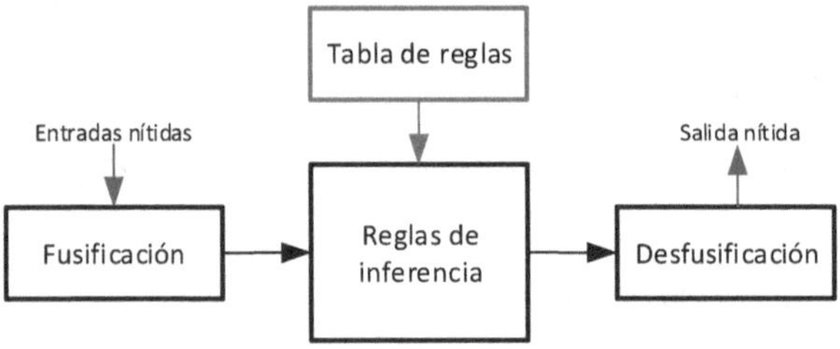

Figura 3.4. Componentes del control de lógica difusa

A continuación, se describe la funcionalidad de cada componente del control de lógica difusa, mostrado en la figura.

A.1) Fusificación

El proceso de fusificación se utiliza para transformar variables de entrada numéricas, conocidas como entrada nítida, en variables lingüísticas utilizando funciones de membresía como se muestra en la Figura 4.4. En esta se representan cinco membresías: Negativo grande (*negative large - NL*), Negativo pequeño (*negative small - NS*), Cero (*zero - Z*), Positivo pequeño (*positive small - PS*) y Positivo grande (*positive large - PL*).

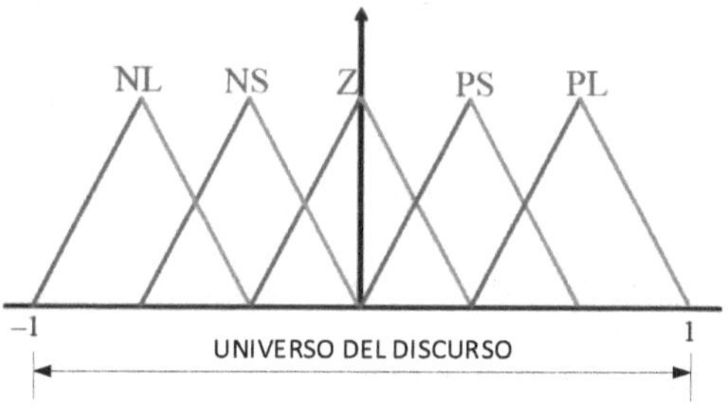

Figura 3.5. Funciones de membresía difusa utilizadas en el proceso de fusificación

A.2) Inferencias de reglas y tablas de reglas

El proceso de inferencias de reglas es la parte principal en la estructura de FLC. Este es el bloque donde se llevan a cabo las decisiones de control. Es análogo controlar las ganancias o las leyes de control en un controlador convencional. En FLC, el término equivalente se conoce como la regla y es de naturaleza lingüística. Una estructura de regla típica se puede expresar como:

Rk: ***If*** *x es Ai y dx es Bi* ***Then*** *salida es Ci* (3.8)

Donde, Rk es la regla k-esima mientras que x y dx son las variables de entrada para FLC. Las variables Ai, Bi y Ci son las etiquetas lingüísticas para las entradas y la salida, respectivamente.

Para evaluar la regla, se utiliza la teoría de conjuntos difusos. Uno de los principales desafíos de FLC es escribir reglas que puedan relacionar las variables de entrada con la salida. Estas reglas se escriben con la sintaxis de la ecuación (3.8) y se agrupan para construir una tabla de reglas difusa. Por otro lado, no existe un método definido para diseñar las reglas de control. Se basa principalmente en el conocimiento intuitivo obtenido de la experiencia práctica, por lo que, este enfoque produce resultados que son bastante subjetivos.

A.3) Desfusificación

En esta etapa, los datos basados en la lingüística se convierten nuevamente en datos nítidos. Existen numerosos métodos de desfusificación, entre ellos se tiene: Bisectriz de área, media de máximos, centro de gravedad y centro de gravedad para Singleton. Estos métodos se pueden distinguir por su precisión e intensidad computacional. Uno de los métodos más utilizado es de Centro de gravedad que se presenta mediante la siguiente ecuación:

$$u = \frac{\sum_{i=1}^{n} \mu(x_i) x_i}{\sum_{i=1}^{n} x_i} \tag{3.9}$$

Donde, *n* es el número de funciones de membresía de salida, mientras que $\mu(x_i)$ y x_i representan respectivamente el grado y la ubicación máxima de la función de membresía. La expresión de salida se puede interpretar como el promedio ponderado de los elementos.

En comparación con las técnicas anteriores de MPPT, el rendimiento dinámico de FLC es muy eficiente [29], [30]. Además, FLC ofrece un alto grado de libertad para ajustar sus parámetros de control. Esto permite modificaciones fáciles. Haciéndolo compatible con diferentes tipos de sistemas lineales y no lineales.

B) MPPT por redes neuronales artificiales

El método de redes neuronales artificiales *(Artificial Neural Network - ANN*) es una interconexión de unidades de procesamiento conocidas como neuronas. En los últimos años, las técnicas de control de ANN están aumentando gradualmente para la optimización y la aplicación MPPT del sistema de energía renovable en lugar de las técnicas convencionales [31]. En aplicaciones de sistemas fotovoltaicos, generalmente se usa para la estimación del MPP del voltaje de referencia dependiente de la irradiación, ya que los voltajes MPP asociados no linealmente con las técnicas de aproximación de la función lineal de irradiancia solar no son adecuados, incluso cuando la curva presenta diferentes picos debido al sombreado parcial [32].

La técnica de ANN se considera una técnica de seguimiento inteligente basada en algún proceso de aprendizaje del entorno. Tiene tres capas: la capa de entrada, la capa oculta y la capa de salida, tal como se muestra en la Figura 4.6. Las variables de entrada pueden ser los parámetros del módulo PV como V_{OC} y I_{SC}, los datos atmosféricos como la irradiancia y la temperatura, o cualquier combinación de estos. La salida puede representar la señal del ciclo de trabajo, la señal de la tensión o corriente de referencia, que impulsa al convertidor a rastrear el MPP según el algoritmo utilizado en la capa oculta.

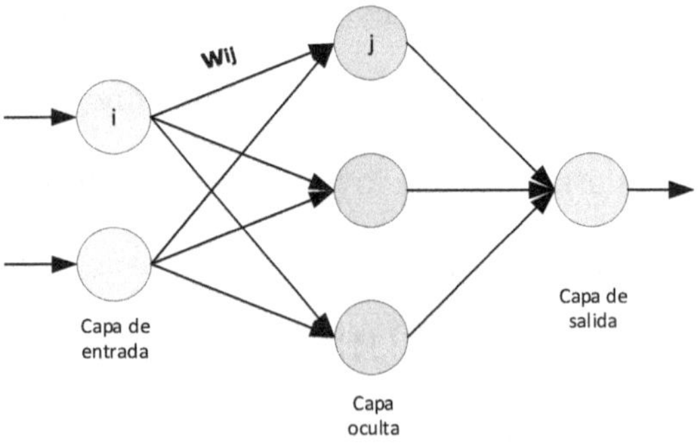

Figura 3.6. Capas de la red neuronal

El enlace entre los nodos i y j está etiquetado un peso de wij tal como muestra la Figura 4.6. La técnica de la ANN se basa en ponderar los enlaces entre los nodos en función de algún proceso de entrenamiento. Para el caso del sistema PV, los parámetros el panel fotovoltaico se prueba exhaustivamente durante un cierto período de tiempo. Esto puede prolongarse hasta meses o incluso años. Luego, se almacenan los patrones resultantes entre las entradas y salidas de la ANN con esto puede obtener el peso adecuado para cada nodo. El inconveniente de este método es que la red neuronal debe estar capacitada para el módulo PV en funcionamiento y, por lo tanto, no se puede generalizar para trabajar en varios tipos al mismo tiempo, a menos que esté capacitado para hacerlo. Además, las características del panel PV cambian con el tiempo, lo que implica un entrenamiento periódico de la red neuronal para rastrear con precisión el MPP.

C) MPPT de enjambre de partículas

La optimización del enjambre de partículas (*Particle Swarm Optimization – PSO),* es un método de optimización estocástica basado en la población, modelado de acuerdo con el comportamiento social de la cría de aves o la escolarización de peces [59]. El PSO este método se cuenta como parte de la Computación Evolutiva (CE).

El método de CE es muy efectivo para optimizar funciones objetivas multimodales de valores reales. La CE se ha utilizado ampliamente por su capacidad para manejar funciones no lineales sin la necesidad de información adicional [33][34]. Dado que este método depende de la optimización de búsqueda, debería poder encontrar el MPP para cualquier tipo de características P-V en cualquier caso de cambios ambientales.

El algoritmo PSO se inicializa con una población de soluciones aleatorias, que representan un enjambre de individuos llamados partículas, y luego buscan óptimos actualizando las generaciones. El principio de investigación se basa en el comportamiento de las partículas donde todas las partículas simulan el éxito de las partículas vecinas y se dan cuenta de sus propios éxitos. Como resultado, la posición de una partícula se ve determinado por la partícula óptima (mejor) en un vecindario. El objetivo es que las partículas encuentren el punto óptimo. En el capítulo siguiente se detalla e implementa el algoritmo PSO para la búsqueda del MPPT en condiciones de sombreado parcial.

CAPITULO IV

4. CLASIFICACIÓN DE LOS MPPTs

4.1. Métodos multicriterio de decisión para el MPPT

Como se mostró en secciones anteriores, se tiene varias técnicas de MPPT. Es importante escoger el algoritmo MPPT que se usara para el convertidor diseñado, sobre todo para casos de sombreado parcial. No obstante, surge la pregunta ¿Qué algoritmo MPPT usar? Dado que cada técnica MPPT, tiene sus ventajas y desventajas, es necesario usar una técnica para escoger un algoritmo MPPT para el convertidor DAB. Las técnicas MPPT descritas, se cuenta en la literatura con información como: cantidad de sensores usados, rapidez de búsqueda, estabilidad, entre otros. Estas características pueden ser usadas para hacer una evaluación, dado que son varias características o varios criterios, se pude usar las técnicas MULTICRITERIO, para hace una clasificación de estos algoritmos.

Por otro lado, existen varios métodos Multicriterio, por lo general estos permiten hacer una tabla de ranking con calificación para luego ser ordenados y tomar uno de ellos según la necesidad. Uno de los métodos más usados es el método conocido como el Proceso Analítico Jerárquico (*Analytic Hierarchy Process – AHP*), la metodología del AHP fue desarrollado durante los años setenta por Thomas Saaty, buscando el desarrollo de una herramienta sistemática para la determinación de un ranking de alternativas que tenga un fundamento matemático sólido y que sea simple en su aplicación [35].

El metodo AHP, es una técnica ampliamente utilizada en la selección de múltiples atributos, permite descomponer un problema en una jerarquía, asegurando que el aspecto cualitativo como cuantitativo se incorpore en la evaluación, este método permite al tomador de decisiones comparar entre pares, asignando un valor numérico para cada alternativa, lo que facilita la compresión y el trabajo con ella, incorporando la participación de diferentes personas o grupos de personas. La estructura jerárquica se muestra en al figura 4.7.

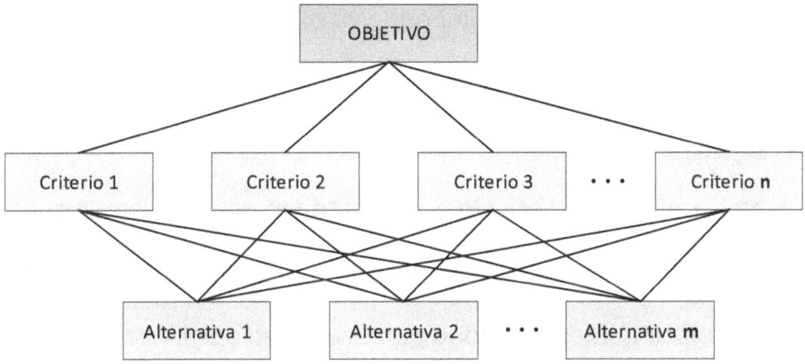

Figura 4.1. Modelo de AHP

Como se muestra en la figura 4.1, primero es necesario establecer los criterios a ser evaluados y las alternativas a ser consideradas como comparables en el proceso de valoración. Esta distribución puede tener tantos niveles como sea necesario, en el nivel superior se encuentra el objetivo principal a lograr, en los niveles intermedios los criterios de evaluación, y en los niveles inferiores las alternativas a ser consideradas como comparables [36]. El segundo paso consiste en la ponderación obtenida de la comparación por pares, asignandoles un peso. Los elementos del segundo nivel están dispuestos en una matriz y las ponderaciones (de los criterios) son realizadas con relación al objetivo principal. Por lo general, la metodología utiliza una escala de ponderación con valores de 1 al 9, como se describe en [35], siendo: 1- igualdad de importancia, 3- moderada importancia de uno sobre otro, 5- fuerte importancia, 7-

muy fuerte importancia, y 9- importancia extrema. El metodo AHP es ampliamente usado en areas de la energia, como en la planificación energética, en la planificación de energías renovables, en la fijación de tarifas, entro otros [37]. No obstante, dado que el peso asignado, entre cada cirterio y alternativa, se en su mayoria por la consulta a expertos hace que este metodo pueda caer en opiniones subjetivas.

Otro metodo, para tomar decisiones con multiples criterios, que ha cobrado importancia en los ultimos años como se muestra en la literatura, es el metodo de la entropia por pesos (*Entropy Weight – EW*) basado en la entropia de Shannon. Shannon propuso el concepto de entropia como una medida de incertidumbre en la informacion, formulada en terminos de teoria de probabilidades [38]. El concepto de entropía por pesos es muy adecuado para identificar los criterios de contraste para la toma de decisiones [39].

Al igual que el metodo AHP, el metodo EW cuenta con objetos que seran evaluados *G,* cada objeto de evaluacion cuenta con cirterios de evaluacion *C*, la descripcion del metodo EW se ve en al seccion siguente. El metodo EW nos presenta una evaluacion integral y mas objetiva a diferencia del metodo AHP. El metodo EW ha sido usado para realizar diferentes evaluaciones como por ejemplo el de evaluacion de conflictos sociales, deteccion de fallas, cogeneracion, entre otros.

4.1.1. EW basado en la entropía de Shannon

Para usar el método EW, se debe tener en cuenta los objetos o grupos a evaluar con sus respectivos criterios, formando con ellos una matriz de decisión. El método EW se puede desarrollar de la siguiente manera [40]:

Si existen ***m*** objetos para evaluación (*G*) y ***n*** criterios de evaluación (*C*), es decir:

$$G_i(i = 1,2,3,...,m)$$
$$C_j(j = 1,2,3,...,n)$$

Con estos objetos y criterios, se puede formar la matriz de decisión Z.

$$Z = \{z_{ij}; i = 1,2,3,...,m; j = 1,2,3,...,n\}$$

La matriz de decisión, sirve para calcular los parámetros del método EW. El método EW consiste en una serie de pasos, estos se pueden expresar como sigue:

- Paso 1: Se calcula los valores normalizados P_{ij}. Para esto, la matriz de decisión Z, se normaliza para cada criterio C_j. Esto se calcula con (4.1).

$$P_{ij} = \frac{z_{ij}}{\sum_{i=1}^{m} z_{ij}} \tag{4.1}$$

- Paso 2: Se calcula la entropía H_j para cada criterio C_j. la entropía se puede calcular con (4.2).

$$H_j = -k \sum_{i=0}^{m} P_{ij} \ln(P_{ij}) \tag{4.2}$$

Donde k es una constante, definida con: $k = (\ln(m))^{-1}$

- Paso 3: Se calcula el grado de divergencia div_j para cada criterio C_j. esto se calcula mediante la ecuación (4.3).

$$div_j = 1 - H_j \tag{4.3}$$

- Paso 4: Se calcula, el peso de entropía w_j para cada criterio C_j, este es una gran diferencia con el método AHP, ya que los pesos se asignan con los valores antes calculados, y no por expertos. El peso de entropía se calcula mediante la ecuación (4.3).

$$w_j = \frac{div_j}{\sum_{j=1}^{n} div_j} \tag{4.3}$$

- Paso 5: Se pueden obtener los valores de EW, esto se obtiene según la matriz mostrada en la tabla 4.1.

Tabla 4.1. Matriz EW

$z_{11}w_1$	$z_{12}w_2$	$z_{13}w_3$	. . .	$z_{1n}w_n$
$z_{21}w_1$	$z_{22}w_2$	$z_{23}w_3$	. . .	$z_{2n}w_n$
$z_{31}w_1$	$z_{32}w_2$	$z_{33}w_3$	. . .	$z_{3n}w_n$
. . .	. . .	. . .	. . .	. . .
$z_{m1}w_1$	$z_{m2}w_2$	$z_{m3}w_3$	. . .	$z_{mn}w_n$

- Paso 6: Finalmente se puede obtener la ponderación o calificación de cada grupo, esto se obtiene sumando cada. Estas calificaciones se pueden ordenar de manera conveniente, según el caso de estudio. La ponderación para un determinado objeto G_i, se pude calcular con (4.5)

$$Ponderación(G_i) = \sum_{j=1}^{n} z_{ij} w_j \qquad (4.5)$$

4.2. Clasificación de los algoritmos MPPT con EW

Para el análisis del método EW, en los algoritmos MPPT de los sistemas PV, se toma los datos de la literatura, en ella se encuentra muchos algoritmos MPPT, algunos de estos métodos se clasificados en tablas, donde se hace una comparación de las características de cada característica que presentan. Se usan los datos de estas revisiones, como los mostrados en [20] y [22] donde se describen y clasifican los métodos de los algoritmos MPPT. De estos artículos, se toman solo algunos algoritmos MPPT descritos en la sección anterior.

Se toman cinco métodos MPPT entre ellos los clásicos más usados en la literatura, como los de procesamiento computacional conocidos también como inteligencia artificial, estas son: Perturbar y Observar, Conductancia Incremental, Lógica Difusa, redes Neuronales y el Enjambre de partículas.

4.2.1. Asignación de valores para los MPPTs

Los algoritmos MPPT seleccionados de la literatura mencionada, se muestran en la tabla 4.2. En la tabla se describen algunas características de dichos algoritmos. Se toman cinco algoritmos MPPT, entre ellos dos son clásicos y tres tienen cierta inteligencia. En la tabla 4.2, en la columna de los sensores: V representa la tensión, C la corriente, G la irradiancia y T la temperatura del panel PV.

Tabla 4.2. Algoritmos MPPT para sombreado parcial

ALGORITMO MPPT	SENSORES	VELOCIDAD	ESTABILIDAD	EFICIENCIA
PERTUBAR Y OBSERVAR	V, C	LENTO	NO ESTABLE	90%
CONDUCTACIA INCMENTAL	V, C	LENTO	NO ESTABLE	92%
LOGICA DIFUZA	V, C	MUY RAPIDO	MUY ESTABLE	95%
REDES NEURONALES	V, C, G, T	MUY RAPIDO	MUY ESTABLE	95%
ENJAMBRE DE PARTICULAS	V, C	MUY RAPIDO	MUY ESTABLE	97%

Para el análisis multicriterio, los algoritmos MPPT son los objetos de estudio representado por $\boldsymbol{G_i}$, esto se muestra en la tabla 4.3 y las características de estos objetos de estudio serán los criterios representados por $\boldsymbol{C_j}$, esto se muestra en la tabla 4.4.

Tabla 4.3. Objetos de estudio

Gi	OBJETO O GRUPO
G1	Algoritmo Perturba Observa
G2	Algoritmo Conductancia Incremental
G3	Algoritmo Lógica Difusa
G4	Algoritmo Redes Neuronales
G5	Algoritmo Enjambre de Partículas

Tabla 4.4. Criterios de evaluación

Cj	**CRITERIOS**
C1	Cantidad de entrada (Sensores)
C2	Velocidad de seguimiento
C3	Estabilidad
C4	Eficiencia

Dado que el método EW, usa valores numéricos, se deben asignar valores a los criterios cualitativos mostrados en la tabla 4.4. Los valores numéricos asignados para el criterio 1 son la cantidad de sensores, no obstante, como se trata de un método de calificación, para este caso a menor cantidad de sensores se tendrá mayor calificación, porque esto representa menor costo, por lo tanto, la puntuación de la cantidad de sensores será en orden inverso. Esto se muestra en la tabla 4.5.

Tabla 4.5. Asignación de valores para C_1

SENSOR	**CANTIDAD**	**PONDERACION**
V, C	2	4
V, C, G, T	4	2

Por otro lado, para los criterios 2 y 3 las características mostradas para la velocidad y estabilidad son cualitativas, por ello a estas características se deben asignar valores cuantitativos. Por tanto, los criterios de velocidad y estabilidad deben ser ponderados, asignándoles a sus características valores numéricos. La ponderación para los criterios 2 y 3 se muestran en la tabla 4.6 y 4.7 respectivamente.

Tabla 4.6. Asignación de valores para C_2

VELOCIDAD	PONDERACION
LENTO	1
RAPIDO	3
MUY RAPIDO	5

Tabla 4.7. Asignación de valores para C_3

ESTABILIDAD	PONDERACION
NO ESTABLE	1
ESTABLE	2
MUY ESTABLE	4

Para el ultimo criterio planteado, el criterio 4, la eficiencia, se pude usar directamente los valores numéricos proporcionados en la tabla 4.2. La ponderación se muestra en la tabla 4.3.

Tabla 4.8. Asignación de valores para C_4

ESTABILIDAD	PONDERACION
90%	90
92%	92
95%	95
95%	95
97%	97

Con la asignación de los valores numéricos mostrado en las tablas del 4.3 al 4.8, se construye la matriz Z, en la cual se podrá aplicar los pasos descritos en la sección 4.2.1. La matriz Z se muestra en la tabla 4.9.

Tabla 4.9. Matriz Z

	C1	C2	C3	C4
G1	4	1	1	90
G2	4	1	1	92
G3	4	5	4	95
G4	2	5	4	95
G5	4	5	4	97

La tabla 4.9, muestra los objetos de estudio, con sus respectivos criterios, estos valores mostrados en la matriz Z, serán usados para calcular los valores de entropía y hacer una calificación integral de los métodos MPPT escogidos.

4.2.2. Aplicacion del metodo EW para calificación del MPPT

En esta sección se usan los pasos y las ecuaciones del método EW descritos anteriormente, con el objetivo de obtener la calificación para los algoritmos MPPT seleccionados. Para esto, como se describió primero se debe obtener la matriz normalizada P_{ij}, a partir de la matriz Z mostrado en la tabla 4.9. Para obtener la matriz normalizada se usa la ecuación (4.10), el resultado se muestra en la tabla 4.10.

Tabla 4.10. Matriz Normalizada

	C1	C2	C3	C4
G1	0.222	0.059	0.071	0.192
G2	0.222	0.059	0.071	0.196
G3	0.222	0.294	0.286	0.203
G4	0.111	0.294	0.286	0.203
G5	0.222	0.294	0.286	0.207

Para calcular los pesos de entropía, deben ser aplicados las ecuaciones (4.11) al (4.13) en la matriz normalizada mostrado en la tabla 4.10. Los resultados luego de aplicar estas ecuaciones se muestran en la tabla 4.11.

Tabla 4.11. Calculo peso de entropia

Parámetros EW \ *j*	1	2	3	4
Hj	0.9824	0.8780	0.9014	0.9998
divj	0.0176	0.1220	0.0986	0.0002
wj	0.0739	0.5117	0.4135	0.0009

Las tablas 4.10 y 4.11 muestran valores que serán usados para obtener la matriz EW. La matriz EW se obtiene según el método descrito en la tabla 4.1. El resultado se muestra en la tabla 4.12. Por otro lado, se puede aprovechar esta matriz, para obtener la suma ponderada y así se puede obtener las calificaciones mostradas en la misma tabla, para cada objeto de estudio.

Tabla 4.12. Matriz EW

	C1	C2	C3	C4	SUMA
G1	0.01642	0.03010	0.02953	0.00018	0.076229
G2	0.01642	0.03010	0.02953	0.00018	0.076233
G3	0.01642	0.15050	0.11814	0.00019	0.285247
G4	0.00821	0.15050	0.11814	0.00019	0.277038
G5	0.01642	0.15050	0.11814	0.00019	0.285251

Por lo tanto, se obtuvo la matriz EW, y su respectiva calificación para cada objeto de estudio Gi. Para este caso, es importante obtener los objetos que tienen mayor calificación, por ello se ordena los valores de suma ponderada de forma ascendente. Los resultados se muestran en la tabla 4.13.

Tabla 4.13. Calificacion de los algoritmos

N°	ALGORITMO MPPT	CALIFICACION
1	ENJAMBRE DE PARTICULAS	0.285251
2	LOGICA DIFUZA	0.285247
3	REDES NEURONALES	0.277038
4	CONDUCTACIA INCREMENTAL	0.076233
5	PERTUBAR Y OBSERVAR	0.076229

La tabla 4.13, muestra que el mejor algoritmo MPPT, usando el método EW, es el del Enjambre de Partículas. El método del algoritmo de Enjambre tiene una calificación de 0.285251 que está muy cerca del método MPPT por Lógica Difusa con una calificación de 0.285247. Por otro lado, el algoritmo MPPT, con menor calificación es el de perturbar y observar, junto con de conductancia incremental.

Por tanto, el algoritmo MPPT para el caso de sombreado parcial a estudiar e implementar será el de Enjambre de Partículas. Se propone que se esté algoritmos de sea implementado para sistemas

PV, ya que como se mostró presentan mejor resultado según el método multicriterio presentado.

BIBLIOGRAFIA

[1] S. Adams and A. O. Acheampong, "Reducing carbon emissions: The role of renewable energy and democracy," *J. Clean. Prod.*, p. 118245, 2019, doi: 10.1016/j.jclepro.2019.118245.

[2] The International Energy Agency, "Electricity generation by technology - Sustainable Development Scenario." https://www.iea.org/weo/ (accessed Sep. 27, 2019).

[3] IRENA – International Renewable Energy Agency, "Installed Capacity Trends." https://www.irena.org/ (accessed Sep. 30, 2019).

[4] M. Pulgar Vidal, "EL ACUERDO DE PARÍS:EL LARGO PROCESO HACIA EL ÉXITO," *Minist. del Ambient.*, 2016, Accessed: Sep. 27, 2019. [Online]. Available: http://www.minam.gob.pe/wp-content/uploads/2016/03/COP21-Final.pdf.

[5] MINEM, "NAMA." http://namasenergia.minem.gob.pe//es-pe/pagina/que-es-una-nama (accessed Jan. 01, 2020).

[6] MINEM, "NAMA." http://namasenergia.minem.gob.pe//es-pe/pagina/escenarios-de-mitigacion#prettyPhoto (accessed May 01, 2020).

[7] MINEM, "Plan Nacional de Electrificación Rural (PNER). Periodo 2016-2025.," 2015. [Online]. Available: http://www.minem.gob.pe/_publicaSector.php?idSector=12.

[8] MINEM, "Gobierno del Perú, Electrificación Rural." https://www.gob.pe/institucion/minem/noticias/71457-mas-de-108-mil-peruanos-accedieron-al-servicio-electrico-este-ano (accessed May 01, 2020).

[9] M. T. Islam, N. Huda, A. B. Abdullah, and R. Saidur, "A comprehensive review of state-of-the-art concentrating solar power (CSP) technologies: Current status and research trends," *Renew. Sustain. Energy Rev.*, vol. 91, no. November 2017, pp. 987–1018, 2018, doi: 10.1016/j.rser.2018.04.097.

[10] M. G. Villalva, J. R. Gazoli, and E. R. Filho, "Comprehensive Approach to Modeling and Simulation of Photovoltaic Arrays," *IEEE Trans. Power Electron.*, vol. 24, no. 5, pp. 1198–1208, 2009.

[11] M. B. Hayat, D. Ali, K. Cathrine, M. Lana, and N. Ahmed, "Solar energy — A look into power generation , challenges , and a solar - powered future," *Int. J. Energy Res.*, pp. –19, 2018, doi: 10.1002/er.4252.

[12] "Energía Renovable Peru con Deltavolt," Accessed: Oct. 11, 2019. [Online]. Available: https://deltavolt.pe/energia-renovable/energia-solar/paneles-solares.

[13] S. Li, W. Gong, X. Yan, C. Hu, D. Bai, and L. Wang, "Parameter estimation of photovoltaic models with memetic adaptive differential evolution," *Sol. Energy*, vol. 190, no. July, pp. 465–474, 2019, doi: 10.1016/j.solener.2019.08.022.

[14] W. Xiao, W. G. Dunford, and A. Capel, "Novel Modeling Method for Photovoltaic Cells," *35th Annu. IEEE Power Electron. Spec.*

Conf., pp. 1950–1956, 2004.

[15] P. Ranjan Satpathy and R. Sharma, "Power loss reduction in partially shaded PV arrays by a static SDP technique," *Energy*, vol. 156, pp. 569–585, 2018, doi: 10.1016/j.energy.2018.05.131.

[16] W. Kreft, M. Filipowicz, and M. Żołądek, "Reduction of electrical power loss in a photovoltaic chain in conditions of partial shading," *Optik (Stuttg).*, vol. 202, no. July 2019, p. 163559, 2020, doi: 10.1016/j.ijleo.2019.163559.

[17] M. A. M. Ramli, S. Twaha, K. Ishaque, and Y. A. Al-Turki, "A review on maximum power point tracking for photovoltaic systems with and without shading conditions," *Renew. Sustain. Energy Rev.*, vol. 67, pp. 144–159, 2017, doi: 10.1016/j.rser.2016.09.013.

[18] C. Tubniyom, W. Jaideaw, R. Chatthaworn, A. Suksri, and T. Wongwuttanasatian, "Effect of partial shading patterns and degrees of shading on Total Cross-Tied (TCT) photovoltaic array configuration," *Energy Procedia*, vol. 153, pp. 35–41, 2018, doi: 10.1016/j.egypro.2018.10.028.

[19] F. Bayrak, G. Ertürk, and H. F. Oztop, "Effects of partial shading on energy and exergy efficiencies for photovoltaic panels," *J. Clean. Prod.*, vol. 164, pp. 58–69, 2017, doi: 10.1016/j.jclepro.2017.06.108.

[20] N. Karami, N. Moubayed, and R. Outbib, "General review and classification of different MPPT Techniques," *Renew. Sustain. Energy Rev.*, vol. 68, no. September 2016, pp. 1–18, 2017, doi: 10.1016/j.rser.2016.09.132.

[21] E. Kandemir, N. S. Cetin, and S. Borekci, "A comprehensive overview of maximum power extraction methods for PV systems," *Renew. Sustain. Energy Rev.*, vol. 78, no. December 2016, pp. 93–112, 2017, doi: 10.1016/j.rser.2017.04.090.

[22] S. Motahhir, A. El Hammoumi, and A. El Ghzizal, "The most used MPPT algorithms: Review and the suitable low-cost embedded board for each algorithm," *J. Clean. Prod.*, vol. 246, 2020, doi: 10.1016/j.jclepro.2019.118983.

[23] F. Liu, Y. Kang, Z. Yu, and S. Duan, "Comparison of P&O and hill climbing MPPT methods for grid-connected PV converter," *2008 3rd IEEE Conf. Ind. Electron. Appl. ICIEA 2008*, pp. 804–807, 2008, doi: 10.1109/ICIEA.2008.4582626.

[24] S. M. Fatemi, M. S. Shadlu, and A. Talebkhah, "Comparison of Three-Point PO and Hill Climbing Methods for Maximum Power Point Tracking in PV Systems," *2019 10th Int. Power Electron. Drive Syst. Technol. Conf. PEDSTC 2019*, pp. 764–768, 2019, doi: 10.1109/PEDSTC.2019.8697273.

[25] O. Wasynczuk, "Dynamic Behavior of a Class of Photovoltaic Power Systems," *IEEE Power Eng. Rev.*, vol. PER-3, no. 9, pp. 36–37, 1983, doi: 10.1109/MPER.1983.5519293.

[26] K. Ishaque and Z. Salam, "A deterministic particle swarm optimization maximum power point tracker for photovoltaic system under partial shading condition," *IEEE Trans. Ind. Electron.*, vol. 60, no. 8, pp. 3195–3206, 2013, doi: 10.1109/TIE.2012.2200223.

[27] G. W. Hart and H. M. Branz, "EXPERIMENTAL TESTS OF OPEN-LOOP MAXIMUM-POWER-POINT TRACKING TECHNIQUES FOR PHOTOVOLTAIC ARRAYS," *Sol. CELLS*, vol. 13, pp. 185–195, 1984.

[28] N. Mutoh, T. Matuo, K. Okada, and M. Sakai, "Prediction-data-based maximum-power-point-tracking method for photovoltaic power generation systems," *PESC Rec. - IEEE Annu. Power Electron. Spec. Conf.*, vol. 3, pp. 1489–1494, 2002, doi: 10.1109/psec.2002.1022386.

[29] B. Bendib, F. Krim, H. Belmili, M. F. Almi, and S. Boulouma, "Advanced fuzzy MPPT controller for a stand-alone PV system," *Energy Procedia*, vol. 50, pp. 383–392, 2014, doi: 10.1016/j.egypro.2014.06.046.

[30] M. Veerachary, T. Senjyu, and K. Uezato, "Feedforward maximum power point tracking of PV systems using fuzzy controller," *IEEE Trans. Aerosp. Electron. Syst.*, vol. 38, no. 3, pp. 969–981, 2002, doi: 10.1109/TAES.2002.1039412.

[31] K. Karabacak and N. Cetin, "Artificial neural networks for controlling wind-PV power systems: A review," *Renew. Sustain. Energy Rev.*, vol. 29, pp. 804–827, 2014, doi: 10.1016/j.rser.2013.08.070.

[32] M. S. Ngan and C. W. Tan, "Photovoltaic Multiple Peaks Power Tracking Using Particle Swarm Optimization with Artificial Neural Network Algorithm," vol. 5, no. 10, pp. 107–138, 2016, doi: 10.1007/978-3-662-50521-2_5.

[33] Y. Hu, K. Liu, X. Zhang, L. Su, E. W. T. Ngai, and M. Liu, "Application of evolutionary computation for rule discovery in stock algorithmic trading: A literature review," *Appl. Soft Comput. J.*, vol. 36, pp. 534–551, 2015, doi: 10.1016/j.asoc.2015.07.008.

[34] H. Ishibuchi, N. Tsukamoto, and Y. Nojima, "Evolutionary Many-Objetive Optimization: A Short Review," *Evol. Comput.*, pp. 2419–2426, 2008.

[35] T. L. Saaty, "How to make a decision: The analytic hierarchy process," *Eur. J. Oper. Res.*, vol. 48, no. 1, pp. 9–26, 1990, doi: 10.1016/0377-2217(90)90057-I.

[36] G. de las N. Sanchez Guerrero, "Técnicas Participativas para la Planeación," A. C. Fundación ICA, Ed. Mexico, 2003, pp. 167–182.

[37] F. Fernández, R. Amarilla, G. Blanco, and V. Oxilia, "Multi-criteria valuation of electric energy from Itaipu Binational in the Brazilian power market," *2016 Congr. Bien. IEEE Argentina*, 2016, doi: 10.1109 / ARGENCON.2016.7585355.

[38] R. M. Gray, *Entropy and information theory*, First Edit. New York: Springer-Verlag, 2013.

[39] S. Liu and Y. Lin, *Grey Systems Theory and Aplications*. Chennai: springer, 2010.

[40] A. Delgado and R. I., "Integrating Social Impact Assessment and Environmental Conflict Analysis on a Hydrocarbon Exploration Project in Spain," *Int. J. Eng. Technol.*, vol. 8, no. 6, pp. 2403–2417, 2016, doi: 10.21817/ijet/2016/v8i6/160806402.

FSC
www.fsc.org
MIX
Papier | Fördert gute Waldnutzung
FSC® C083411

Kolibri 360 GmbH
Ferdinand-Jühlke-Straße 7
99095 Erfurt, Deutschland
produktsicherheit@kolibri360.de

Druck:
CPI Druckdienstleistungen GmbH
im Auftrag der
Kolibri 360 GmbH
Ferdinand-Jühlke-Str. 7
99095 Erfurt